ASSOCIATION FRANÇAISE

POUR

L'AVANCEMENT DES SCIENCES

CONGRÈS DE LILLE

1874

M

PARIS

AU SECRÉTARIAT DE L'ASSOCIATION

76, rue de Rennes.

ASSOCIATION FRANÇAISE

POUR L'AVANCEMENT DES SCIENCES

Congrès de Lille — 1874.

M. le Dʳ F. GARRIGOU

De Toulouse.

SUR LA NATURE ET SUR LE DOSAGE DES PRINCIPES SULFURÉS DANS LES SOURCES MINÉRALES

— *Séance du 26 août 1874.* —

Depuis longtemps déjà les chimistes qui se sont le plus occupés d'hydrologie pratique ont fait porter leur attention et leurs études sur la composition et sur la nature du principe sulfuré que les eaux minérales tiennent en solution. Dès le commencement des recherches faites sur ce sujet intéressant, les savants se trouvèrent complétement divisés, et cette division subsiste encore de nos jours. D'un côté, l'on trouve que Save, Pommier, Longchamps, A. Fontan, MM. Béchamp, Frésenius, quelques autres chimistes et moi-même, ont soutenu ou soutiennent encore que le principe sulfuré contenu dans les eaux minérales est constitué surtout par des sulfhydrates de sulfure solubles et aussi par de l'hydrogène sulfuré. D'un autre côté, Bayen, Anglada, Ossian Henry, MM. Boullay, Filhol et Lefort ont soutenu et soutiennent encore que les eaux sulfurées ne contiennent que du monosulfure de sodium.

Les chimistes qui acceptent cette dernière manière de voir s'appuient sur les expériences d'Anglada et surtout sur celles que M. Filhol a exécutées à Bagnères-de-Luchon, principalement à la source Bayen.

Il me sera permis de faire observer qu'une telle manière de penser est bien peu scientifique; juger la nature de toutes les sources sulfurées par l'étude de la composition d'une seule, c'est une erreur à mon sens, c'est aller à la légère, car bien des raisons physiques, chimiques et géologiques permettent de dire, *a priori*, que certaines de ces sources doivent différer entre elles.

Et, en effet, nous pouvons dire que l'on trouve des sources chaudes et des sources froides, des sources qui blanchissent au contact de l'air et d'autres qui ne blanchissent pas, des sources donnant d'épais encroû-

Q

tements de soufre et d'autres ne fournissant même pas de traces de ce métalloïde, des sources à principe sulfuré très-fixe, et d'autres dont le principe sulfuré s'altère avec une grande rapidité en dégageant abondamment l'odeur sulfurée, tandis que les premières l'ont d'une manière moins prononcée; certaines enfin naissent dans les granits, et d'autres dans des terrains gypseux ou calcaires.

La composition exacte du principe sulfuré des eaux minérales est tellement utile à connaître au point de vue de l'installation des divers établissements thermaux où on les exploite, que je ne crains pas d'avancer le fait suivant, quelque grave qu'il soit.

La plus grande partie des établissements d'eaux sulfurées ont été manqués dans leur installation parce qu'on n'a pas su reconnaître quelle était la véritable composition du principe sulfuré qu'on avait à y exploiter.

Chargé par un grand nombre de propriétaires d'établissements thermaux de faire l'analyse de leurs sources, et convaincu expérimentalement de l'exactitude du fait que je viens d'émettre, j'ai dû étudier de nouveau la question d'une manière approfondie, et arriver à trouver des procédés d'analyses aussi irréprochables que possible, pour reconnaître les divers principes sulfurés des eaux minérales.

Les eaux de Luchon ayant été de tout temps les types principaux sur sur lesquels A. Fontan, Bayen, O. Henry et M. Filhol ont fait les expériences qui ont amené à l'adoption de la théorie du monosulfure, j'ai dû refaire sur ces eaux toutes les expériences faites par A. Fontan et M. Filhol.

Je ne dois pas hésiter à dire que toutes celles d'A. Fontan, au point de vue qualitatif, m'ont paru être d'une exactitude parfaite. Les expériences exécutées par M. Filhol, surtout les expériences fondamentales, sont toutes inexactes. Je n'en citerai qu'une, la plus importante de toutes :

« J'ai désulfuré, dit M. Filhol, par un excès de sulfate de plomb pur, un litre d'eau naturelle et un litre d'eau contenant du sulfhydrate de sulfure; toutes les deux étaient, après l'action du sulfate de plomb, parfaitement inodores et ne donnaient pas de précipité noir avec les sels d'argent; mais *la première était très-légèrement alcaline*, tandis que la deuxième était acide. En effet :

» Dans le premier cas : $SNa + SO^3Pbo = SPb + Nao, SO^3$.

» Dans le second cas : $HS, SNa + 2(SO^3; PbO) = 2PbS + SO^3NaO + SO^3$.

» *L'alcalinité très-légère de la première* est due à la petite quantité de carbonate et de silicate de soude qu'elle renferme. »

Cette expérience est totalement inexacte. En effet, toutes les sources de Luchon, surtout les plus sulfureuses et les plus chaudes, deviennent acides lorsqu'on les désulfure par le sulfate de plomb; je donnerai plus loin leur degré d'acidité. De plus, il est impossible qu'elles soient devenues alcalines, car lorsqu'on traite du sulfate de plomb pur et neutre par l'eau distillée, il se fait une vraie dissociation de ce sulfate, l'eau devient toujours très-légèrement acide, et en la filtrant il est permis de voir que c'est bien de l'acide sulfurique qui lui donne cette acidité. Elle se trouble légèrement avec le chlorure de baryum.

J'ai été obligé d'entrer dans les détails qui précèdent à cause des nouveaux procédés de dosage que je vais faire connaître, et dans lesquels il faut tenir un compte exact de l'action du sulfate de plomb sur l'eau sulfureuse.

Du reste, pour qu'il ne reste pas le moindre doute dans l'esprit du lecteur sur la transformation acide des eaux de Luchon sous l'influence de l'action du sulfate de plomb, je vais donner immédiatement le tableau alcalimétrique de ces sources ainsi traitées :

Substances employées : acide sulfurique titré. — Eau distillée bouillie — Teinture de tournesol. — Eau de chaux.

1° Essai à blanc		32cc9
2° Source du Saule naturelle sur 50cc		30cc5
3° — désulfurée par PbO,SO^3		32,1
4° — Pré n° 1 naturelle		30,2
5° — — désulfurée		32,2
6° — Bordeu naturelle		30,5
7° — — désulfurée		32,1
8° — de la Grotte supérieure naturelle		30,5
9° — — — désulfurée		32,2
10° — Bayen naturelle		30,3
11° — — désulfurée		32,3

La dissociation du sulfate de plomb entraînant, ainsi que je l'ai dit, une production d'acide sulfurique libre, j'ai cru devoir calculer quelle était la quantité d'eau de chaux nécessaire pour saturer cet acide formé en dehors de celui qui est dû à la désulfuration. J'ai trouvé que deux gouttes correspondent à $\frac{1}{10}$ de centimètre cube, c'est-à-dire qu'une petite division de la burette suffisait pour saturer cet acide. L'on rendra donc le titre alcalimétrique exact en retranchant $\frac{1}{10}$ de centimètre cube à chaque nombre, ce qui est insignifiant.

Ces faits une fois constatés, j'ai procédé à quelques expériences qualitatives pour confirmer la vérité qui ressortait des précédentes, à savoir la présence dans l'eau d'un sulfhydrate de sulfure et non pas d'un monosulfure.

De l'eau de la source Bayen a été mise dans un ballon contenant six litres environ. Cette eau, portée à l'ébullition, a laissé dégager dans le premier moment, avec une abondance extrême, un gaz qui, reçu dans une solution de nitrate de cadmium, a fourni un précipité de sulfure de cadmium jaune. L'ébullition prolongée après un quart d'heure environ n'a plus donné que des traces d'acide sulfhydrique, mais d'une manière constante pendant tout le temps qu'a continué cette ébullition.

Ces phénomènes sont exactement les mêmes que ceux obtenus avec une solution de sulfhydrate de sulfure alcalin mise dans les mêmes conditions que l'eau sulfureuse de la source Bayen. Une solution de mono-sulfure ne fournit, par l'ébullition, que des traces d'acide sulfhydrique avec une extrême lenteur.

Dix litres d'eau de la source Bayen ont été désulfurés au moyen du carbonate de plomb. A mesure que le sulfure de plomb se formait et tombait au fond du récipient, on voyait se dégager une quantité de petites bulles de gaz qui venaient crever à la surface de l'eau, et que j'ai pu recueillir. Ce gaz était constitué par de l'acide carbonique. Cette production ne pouvait avoir lieu qu'avec un sulfhydrate de sulfure soluble car $HS\,NaS + 2\,(PbO, CO^2) = 2PbS + NaO,CO^2 + CO^2 + HO$ et non avec un monosulfure soluble, car $NaS + PbO, CO^2 = PbS + NaO,CO^2$. Pendant cette expérience, l'eau perdait complétement son odeur sulfurée.

Ce ne sont pas seulement les essais qualitatifs qui m'ont permis d'arriver ainsi à la certitude de l'existence d'un sulfhydrate de sulfure dans l'eau des sources de Luchon. L'étude de certains phénomènes qui se passent dans les galeries de captage des sources conduit forcément aux mêmes conclusions.

Lorsque l'on parcourt ces galeries, on voit qu'il se passe, au-dessus des griffons d'eau sulfurée, deux phénomènes d'un ordre différent. Au-dessus des naissants les plus exposés à l'air, on voit la roche en place, soit granit, soit calschiste quartzeux, recouverte d'une couche épaisse d'efflorescences constituées par de petits cristaux aciculaires réunis en forme de houppes. Au-dessus des naissants les mieux abrités du contact de l'air, la roche en place est recouverte d'une épaisse couche de soufre cristallisé, et il n'y a pas de traces des efflorescences précitées. Au-dessus des griffons moyennement abrités du contact de l'air, on trouve un mélange de plaques de soufre et de cristaux en houppe, les premières se trouvant placées dans les points les plus abrités et les secondes dans les points les moins abrités du contact de l'air.

Les sources de la galerie du Saule, de la galerie de recoupement du Saule à Bordeu ou au drainage, de la galerie du drainage, etc., sont des exemples du premier cas. La source n° 3 de Bordeu est un magnifique exemple du second. Quelques naissants épars de la galerie Bosquet et de la galerie de recoupement du drainage au Saule forment quelques exemples du troisième.

En étudiant les cristaux en houppe dont je viens de signaler l'existence, on reconnaît, ainsi que nous le verrons bientôt, que ce sont des sulfates.

On se trouve donc là en présence de deux phénomènes indiquant une double transformation d'un principe sulfuré volatil, qui ne peut être que de l'acide sulfhydrique.

Et, en effet, pendant que les eaux sulfurées naissant des profondeurs du sol montent à la surface en colonnes liquides, la pression exercée par cette colonne sur elle-même fait que l'hydrogène sulfuré, soit libre, soit uni à un sulfure, a de la tendance à ne pas s'échapper malgré la température élevée de l'eau. Arrivé à la surface du sol, cette pression n'existant plus et la température de 60 à 65° ayant une tendance à faire dégager l'hydrogène sulfuré, celui-ci se dégage.

Mais là n'est pas la seule cause de dégagement de l'acide sulfhydrique : il y en a une seconde qui est tout à fait chimique.

En effet, lorsque l'eau arrive au contact d'un air riche en acide carbonique comme l'est celui des galeries souterraines de Luchon, le sulfhydrate soluble se décompose en donnant de l'acide sulfhydrique qui se dégage, et en fournissant un carbonate alcalin qui reste en solution (1).

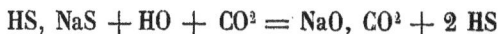

$$HS, NaS + HO + CO^2 = NaO, CO^2 + 2 HS$$

Avec un monosulfure on aurait aussi un dégagement d'hydrogène sulfuré, mais il serait infiniment moins abondant.

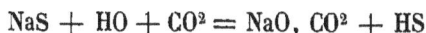

$$NaS + HO + CO^2 = NaO, CO^2 + HS$$

L'acide sulfhydrique qui se dégage ainsi trouvant des roches plus ou moins poreuses et de l'air se décompose en fournissant deux produits suivant les cas : de l'eau et de l'acide sulfurique, ou bien de l'eau et du soufre.

$$HS + 4 O = SO^3 + HO$$

$$HS + O = HO + S$$

Lorsque l'air se renouvelle facilement dans les points où la roche et l'acide sulfhydrique sont en contact, la première transformation se produit, tandis que la seconde n'a lieu que dans les points où l'air ne se renouvelle qu'avec de grandes difficultés.

Lorsqu'il se forme de l'acide sulfurique, si cet acide peut se fixer en décomposant des roches attaquables, il forme des sulfates aux dépens de ces roches. Dans le cas où il ne se forme que du soufre, ce soufre se dépose.

Telle est l'explication des phénomènes si singuliers et si intéressants auxquels donne lieu, dans les galeries de Luchon, l'abondant dégagement d'acide sulfhydrique.

_____

(1) L'analyse de l'eau sulfureuse qui a séjourné au contact de l'air indique une augmentation de carbonates dans cette eau, en même temps qu'une diminution du principe sulfuré.

Pour terminer ce qui regarde cet ordre de choses et pour pouvoir reprendre ensuite la question du dosage des principes sulfurés des eaux minérales, je donnerai ici quelques détails sur les produits de l'attaque des roches par l'acide sulfurique secondairement formé.

Les roches dans lesquelles sont percées les galeries, et qui se trouvent par conséquent attaquées par l'acide sulfurique, sont des calschistes siliceux et des granits. Les efflorescences produites sur les premiers sont généralement neutres et constituées soit par du sulfate de chaux pur, soit, quelquefois (rarement), par des sulfates de chaux, d'alumine et de fer. Celles qui recouvrent les granits de la galerie du saule sont formées par du sulfate de chaux acide.

Ce dernier fait ne doit pas étonner, car les nombreuses analyses qualitatives que j'ai pu faire des granits de Luchon m'ont prouvé que le feldspath entrant dans leur composition a une constitution totalement différente de celle qu'on lui avait supposée jusqu'ici. Les larges cristaux de feldspath que l'on peut reconnaître dans la roche en place à leur éclat nacré contiennent des silicates de chaux, de soude, de potasse et de lithine. J'ai trouvé, de plus, dans ces mêmes granits, du cæsium et du rubidium.

Voici la composition des cristaux formant les houppes qui tapissent les granits de la galerie du Saule :

Silice..........................	3^{gr},590	
Sulfate de chaux { Chaux..........................	27^{gr},990	} 67^{gr},975
Acide sulfurique................	39^{gr},985	
Acide sulfurique libre............	0^{gr},762	
Eau et perte.....................	27^{gr},673	
	100^{gr},000	

Les cristaux sont fortement humides dans la galerie et fortement acides.

La présence de l'acide sulfhydrique et l'existence d'un sulfhydrate de sulfure soluble étant constatées dans les eaux de Luchon, d'une manière irréfutable, je vais décrire le procédé que j'ai employé et que je conseille d'employer désormais pour arriver à avoir un dosage parfaitement exact des divers principes sulfurés contenus dans les eaux minérales :

1° Désulfurer une quantité déterminée d'eau par le nitrate d'argent, laisser reposer, décanter et doser les sulfates ;

2° Désulfurer une nouvelle quantité d'eau par du sulfate de plomb parfaitement pur et neutre, laisser reposer, décanter, et, sur une partie de l'eau, doser les carbonates, sur l'autre partie, doser l'acide carbonique libre ;

3° Désulfurer une nouvelle quantité d'eau par le carbonate de plomb parfaitement pur, laisser reposer, décanter la majeure partie de l'eau, et recueillir sur un filtre le sulfure de plomb formé et le carbonate de plomb en excès. Ce sulfure et ce carbonate sont traités par l'acide azotique fumant, qui transforme le sulfure en sulfate et qui dissout le carbonate en excès. Le sulfate, directement pesé, fait connaître la quantité totale de soufre du principe sulfuré.

L'eau décantée est divisée en deux parties A et B.

Dans A on dose l'acide carbonique libre en faisant bouillir cette eau dans un ballon presque plein, avec repère (1). L'acide carbonique est reçu, pendant qu'il se dégage, dans l'eau de baryte, à l'abri du contact de l'air, et on le dose à l'état de sulfate. Cette même eau A peut servir, après cette première opération, à doser une seconde fois les carbonates fixes pour savoir si leur poids est resté le même.

L'acide carbonique, trouvé libre, correspond à l'acide sulfhydrique de l'eau, soit libre, soit combiné au sulfure. On calcule la quantité de soufre correspondant à cet acide sulfhydrique, et, en la retranchant de la quantité de soufre total du principe sulfuré, on peut connaître, par un simple calcul d'équivalents, quelle est la quantité de monosulfure combiné à l'acide sulfhydrique pour former le sulfhydrate de sulfure.

La partie B de l'eau est concentrée et traitée par l'acide azotique, de manière à transformer en sulfate les hyposulfite et sulfite naturellement contenus dans l'eau. Le sulfate ainsi obtenu est dosé et la différence entre son poids et celui de l'opération n° 1 permet de calculer l'acide sulfurique correspondant aux hyposulfite et sulfite, et, par conséquent, ces hyposulfite et sulfite eux-mêmes.

4° On fait un essai sulfhydrométrique sur l'eau naturelle, après avoir ajouté, suivant les prescriptions ordinaires, du chlorure de baryum, pour se débarrasser des sels alcalins, et l'on calcule s'il y a concordance entre les quantités de soufre des principes sulfurés obtenus par le dosage direct du sulfure de plomb et par l'essai sulfhydrométrique.

Je puis dire que, dans les cas simples, c'est-à-dire lorsque l'eau contient de l'acide sulfhydrique, un monosulfure (fort rare) ou un sulfhydrate de sulfure, les quantités de soufre trouvées par les deux procédés correspondent à très-peu de chose près. Mais il n'en est plus de même avec les polysulfures. Dans le premier cas, je ne puis attribuer les très-légères différences à autre chose que, surtout, à de très-légères pertes dans le cours de l'opération, le dosage des principes sulfurés à l'état de sulfate de plomb étant en général très-légèrement inférieur à ceux faits avec le sulfhydromètre.

---

(1) On fait un essai à blanc pour connaître, une fois pour toutes, l'acide carbonique contenu dans l'air, au-dessus du liquide, dans le ballon, afin de le retrancher de la quantité d'acide carbonique libre trouvée.

En prenant a différence entre le soufre total obtenu par la pesée directe et le soufre total obtenu par la sufhydrométrie, qui accuse comme sulfure les hyposulfite et sulfite, et le soufre total obtenu par la pesée directe, qui n'accuse que le soufre de l'hydrogène sulfuré et du monosulfure, on peut avoir le soufre correspondant aux hyposulfite et sulfite.

C'est en suivant les procédés de dosage que je viens d'indiquer, que j'ai obtenu sur la source Bayen, de Luchon, les résultats importants et décisifs dont je donne ici connaissance.

	Grammes
1° Acide carbonique naturellement contenu dans l'eau (variable suivant la saison) actuellement — sur un litre	0,01000
2° Acide carbonique sur l'eau désulfurée par le carbonate de plomb . . .	0,02975
3° Soufre correspondant à l'acide carbonique précédent (par différence 0,02975—0,01000)	0,01436
4° Acide sulfhydrique correspondant à ce soufre	0,01524
5° Soufre total par la sulfhydrométrie	0,03049
6° Soufre total par la pesée directe du sulfure de plomb transformé en sulfate de plomb.	0,02944
7° Soufre correspondant aux hyposulfite et sulfite (obtenu par la différence entre les dosages 6° et 5° et par la pesée directe en oxydant ces hyposulfite et sulfite et les pesant à l'état de sulfate)	0,00105
8° Par conséquent, hyposulfite de soude.	0,00277
9° Soufre à l'état de sulfure	0,01539
10° Par conséquent, monosulfure de sodium	0,03751
11° D'où sulfhydrate de sulfure de sodium	0,05285

Si maintenant on combine le soufre total trouvé par la sulfhydrométrie en le transformant en monosulfure de sodium, on a . . . . . 0,07453.

Si d'un autre côté on combine le soufre total trouvé par la pesée directe en le transformant en monosulfure de sodium, on a . . 0,07176.

Mais il y a dans le premier nombre celui de l'hyposulfite de soude en même temps que celui du monosulfure de sodium. Si donc du premier nombre on retranche le second, on obtient le nombre 0,00277 qui représente sensiblement l'hyposulfite alcalin contenu dans l'eau ; la pesée directe donne . . . . 0,00300.

Ces expériences prouvent donc que la quantité de soufre total obtenue par la méthode sulfhydrométrique, et celle qui provient de la pesée directe, sont à très-peu de chose près les mêmes.

Il me sera donc permis de tirer des faits précédents les conclusions suivantes :

1° La sulfhydrométrie telle qu'on la pratique aujourd'hui est une excellente méthode de dosage des principes sulfurés des eaux minérales, tant que l'on a affaire à des sulfhydrates de sulfure, monosulfure ou hydrogène sulfuré.

2° Pour obtenir la certitude qu'une eau minérale sulfurée contient de l'hydrogène sulfuré, soit libre, soit combiné, il faut désulfurer l'eau avec du carbonate de plomb et calculer l'acide carbonique mis en liberté pendant cette désulfuration. L'hydrogène sulfuré se calcule ensuite d'après la quantité d'acide carbonique trouvée.

3º L'eau de la source Bayen à Luchon contient un sulfhydrate de sulfure alcalin, et non du monosulfure de sodium, ainsi que l'admettent aujourd'hui certains chimistes.

4º L'acide sulfhydrique que les sources de Luchon émettent dans les galeries peut se transformer, suivant les circonstances, en acide sulfurique et en eau, ou bien en soufre et en eau.

5º Cet acide sulfurique attaque les calschistes et les granits des galeries de Luchon, et produit sur les deux roches des cristaux très-abondants de sulfate de chaux.

6º Le feldspath des granits de Luchon contient non-seulement de la chaux, mais encore de la soude, de la potasse et de la lithine.

ASSOCIATION FRANÇAISE

POUR L'AVANCEMENT DES SCIENCES

EXTRAIT DES STATUTS ET RÈGLEMENT

Votés par l'Assemblée générale du 27 août 1874.

STATUTS.

ART. 4. — L'Association se compose de membres fondateurs et de membres ordinaires ; les uns et les autres sont admis, sur leur demande, par le Conseil.

ART. 5. — Sont membres fondateurs les personnes qui auront souscrit à une époque quelconque une ou plusieurs parts du capital social : ces parts sont de 500 francs.

ART. 7. — Tous les membres jouissent des mêmes droits. Toutefois les noms des membres fondateurs figurent perpétuellement en tête des listes alphabétiques, et les membres reçoivent gratuitement pendant toute leur vie autant d'exemplaires des publications de l'Association qu'ils ont souscrit de parts du capital social.

RÈGLEMENT.

ART. 1er. — Le taux de la cotisation annuelle des membres non fondateurs est fixé à 20 francs.

ART. 2. — Tout membre a le droit de racheter ses cotisations à venir en versant une fois pour toutes la somme de 200 francs. Il devient ainsi membre à vie.

La liste alphabétique des membres à vie est publiée en tête de chaque volume, immédiatement après la liste des membres fondateurs.

Les souscriptions sont reçues :

Au SECRÉTARIAT, 76, rue de Rennes ;

Chez M. MASSON, *trésorier*, 17, place de l'École-de-Médecine.

Les souscriptions des membres fondateurs peuvent être versées en une seule fois,
ou en deux versements de chacun 250 francs.

www.ingramcontent.com/pod-product-compliance
Lightning Source LLC
Chambersburg PA
CBHW050425210326
41520CB00020B/6755